FORSCHUNGSBERICHT DES LANDES NORDRHEIN-WESTFALEN

Nr. 3096 / Fachgruppe Physik/Chemie/Biologie

Herausgegeben vom Minister für Wissenschaft und Forschung

Prof. Dr. rer. nat. Dieter Beck
cand. rer. nat. Herbert Ellerbusch
Priv. Doz. Dr. rer. nat. Friedrich Engelke
Dipl. Phys. Karl Heinz Meiwes
Fakultät für Physik
der Universität Bielefeld

Molekularstrahluntersuchungen zur Hochtemperatur-Metalloxydation

Westdeutscher Verlag 1982

```
CIP-Kurztitelaufnahme der Deutschen Bibliothek

Molekularstrahluntersuchungen zur Hochtempera-
tur-Metalloxydation / Dieter Beck ... -
Opladen : Westdeutscher Verlag, 1982.
   (Forschungsberichte des Landes Nordrhein-
   Westfalen ; Nr. 3096 : Fachgruppe Physik,
   Chemie, Biologie)

NE: Beck, Dieter [Mitverf.]; Nordrhein-West-
falen: Forschungsberichte des Landes ...
```


Herstellung: Westdeutscher Verlag
Lengericher Handelsdruckerei, 4540 Lengerich
ISBN 978-3-531-03096-8   ISBN 978-3-322-87533-4 (eBook)
DOI 10.1007/978-3-322-87533-4

Inhalt

1. Einleitung

Molekularstrahlexperimente sind der direkteste Weg, Informationen über die Dynamik elementarer chemischer Reaktionen zu gewinnen. Detaillierte Aussagen über die Kinematik der untersuchten Reaktionen liefern Messungen der Aktivierungsenergie, des totalen reaktiven Streuquerschnitts, der Winkelverteilung und der Translations-, Rotations- und Schwingungsenergie, in seltenen Fällen auch die elektronische Anregung der Reaktionsprodukte (1). Seit 1955 Taylor und Datz (2) die ersten erfolgreichen Molekularstrahlexperimente an chemischen Systemen durchführten, sind eine große Zahl von elementaren chemischen Reaktionen der Art

$$M + XR \rightarrow MX + R$$

untersucht worden, wobei M ein Metallatom und XR ein Molekül bezeichnet, welches ein Halogenatom X enthält. Die Entwicklung ging hierbei aufgrund des großen experimentellen Aufwandes nur schrittweise voran. Die frühesten Experimente beschränkten sich auf Alkalimetalle, wobei die Messung der Winkelabhängigkeit der Reaktionsprodukte überwog (3,4). Der nächste Schritt bestand in der Bestimmung bzw. Festlegung der Translationsenergie eines Reaktanten und/oder eines Reaktionsprodukts mit Hilfe von Geschwindigkeitsselektoren (5).

Danach wurde es möglich, genauere Aussagen über die Rückstoßenergie, die Größe des Reaktionsquerschnitts und des Mechanismus der Reaktion zu machen. Die Ergebnisse erlauben eine Einteilung der untersuchten Systeme in zwei verschiedene Reaktionstypen: in "Stripping-" und "Rebound"-Reaktionen. Beiden Typen ist gemeinsam eine Asymmetrie der Winkelverteilung der Reaktionsprodukte im Massenmittelpunktsystem, sie unterscheiden sich aber in der Lage des Maximums der Produktwinkelverteilung und in der Größe des Reaktionsquerschnittes. Die Asymmetrie beweist für obige Reaktionen einen "direkten" Reaktionsablauf. Reaktionen, die über einen langlebigen Zwischenkomplex ablaufen und eine Symmetrie der Winkelverteilung der Produkte zeigen, sind kurz darauf gefunden worden (6).

Für fast alle bisher untersuchten Reaktionen zeigt eine kinematische Analyse, daß nur ein kleiner Bruchteil der freiwerdenden Reaktionsexothermizität als Translationsenergie der Produkte auftritt. Der größte Anteil entfällt also auf die innere Anregung der Produkte. Nächste Schritte der Entwicklung bestanden folgerichtig in einer direkten Messung der inneren Energie: der Rotations- (7,8) und der Schwingungsenergie (9-11), in seltenen Fällen der elektronischen Anregung (12-15) der erzeugten Moleküle.

Den vollen Reichtum der Molekülspektroskopie in Verbindung mit Molekularstrahlen erschloß dann die von Zare und Mitarbeitern eingeführte laserinduzierte Fluoreszenz (LIF) (16-18). Hierzu wird das Licht eines abstimmbaren Lasers in die Reaktionszone fokussiert. Während die Wellenlänge des Lasers langsam durchfahren wird, werden Moleküle in der Reaktionszone immer dann angeregt, wenn die Frequenz des Laserlichtes mit der einer Absorptionslinie des betreffenden Moleküls übereinstimmt. So angeregt, kann das Molekül fluoreszieren, d.h. unverzüglich Strahlung aussenden, von der wiederum ein Bruchteil durch einen Photomultiplier nachgewiesen wird. Die Aufnahme des Fluoreszenzsignals als Funktion der Laserwellenlänge liefert das Anregungsspektrum des Reaktionsproduktes. Wenn dessen spektroskopische Eigenschaften bekannt sind, kann aus dem Anregungsspektrum die Besetzung der Zustände der inneren Bewegung ermittelt und damit eine vollständige Beschreibung des Reaktionsproduktes erreicht werden.

2. Die experimentelle Anordnung

Wesentliche Teile der Vakuumapparatur, strahlerzeugenden Systeme sowie des Gaseinlassystems sind bereits in einer Publikation (19), zugleich erster Teil dieses Forschungsvorhabens, beschrieben, so daß nach einer Kurzbeschreibung der wesentlichen Komponenten hier lediglich das induzierende Lasersystem sowie der Fluoreszenznachweis eingehender behandelt werden sollen.

2.1 Kurzbeschreibung

Der schematische Aufbau ist in Abb. 1 aufgezeigt. Zwei Vakuumkammern

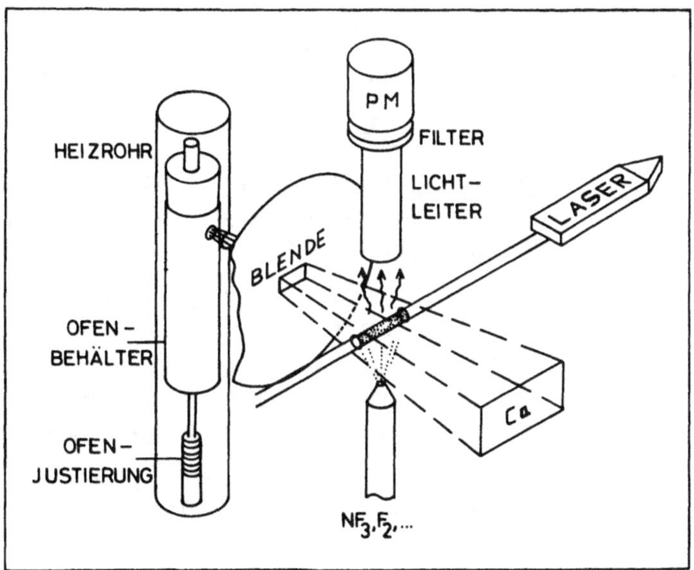

Abb. 1: Schematischer Versuchsaufbau zur Hochtemperaturmetalloxydation

sind durch einen rechteckigen (2 x 15 mm) Spalt verbunden. Der Metallstrahl (Calcium) wird in der ersten Kammer ("Ofen-K.") in einem widerstandsbeheizten Einkammerofen effusiv erzeugt. Er trifft in der Reaktionskammer unter 90° auf den rudimentären NF_3- bzw. F_2- Strahl. Das Reaktionsvolumen beträgt etwa 0.5 cm^3, sein Abstand vom Metalleintrittsspalt 20 mm. Um die Molekülstrahlquelle möglichst nahe an das Reaktionsvolumen heranzubringen und hohe Intensitäten bei relativ geringem Durchsatz der hochkorrosiven Molekülgase zu erzielen, wurde auf differentielles Abpumpen verzichtet; die Öffnung des Molekülstrahlofens befindet sich ca. 35 mm vom Reaktionsvolumen.

Der Strahl eines gepulsten Farbstofflasers kreuzt das Reaktionsvolumen senkrecht zur Ebene von Metalldampf- und Molekülstrahl. Das induzierte Fluoreszenzlicht der Produktmoleküle wird - senkrecht zu Laser- und Metalldampfstrahl - durch einen Photomultiplier nachgewiesen, integriert, verstärkt und als Funktion der sich kontinuierlich ändernden Anregungswellenlänge aufgezeichnet.

2.2 Der Farbstofflaser

Zunächst sind die wichtigsten Daten des Lasersystems stichwortartig aufgeführt.

Pumplichtquelle: Stickstofflaser (AVCO C 5000); Pulslänge etwa 10 nsec, Pulsfolgefrequenz bei diesen Experimenten 200, sonst wählbar zwischen 1 und 1000 Hz. Die Pulsleistung beträgt maximal 250 kW, hier wird er mit ca. 150 kW betrieben.

Farbstofflaser: FL 1000 (LAMBDA-PHYSIK) Resonator mit Küvette, Strahlaufweiter (25fache Vergrößerung), Reflexionsgitter (1200 Linien/mm) in erster Ordnung betrieben, sowie ein Auskoppelspiegel (Quarzkeilplatte, Reflexionsvermögen ca 30%).

Farbstoff: Bei allen Experimenten am CaF B-X Bandensystem benutzten wir Coumarin 152, 3×10^{-4} molare Lösung in Äthanol, kontinuierlich umgepumpt. Die Länge der aktiven Zone ist ca. 15 mm und durch Bauart festgelegt.

Emissionsbereich: 5150 - 5700 Å.

Linienbreite: ca. 0.3 Å , diese Linienbreite resultiert aus der Verwendung des Strahlaufweiters, der zum fast vollständigen Ausleuchten des Gitters führt; sie konnte an teilweise aufgelöster Rotationsstruktur bei gleichzeitig laufenden Alkalidimer - Untersuchungen überprüft werden.

Leistung: Im Maximum des Farbstoffes Coumarin 152 ca. 15 kW, entsprechend 10 µJ oder etwa 10^{13} Photonen/Puls.

Der schwach divergente Laserstrahl wird über eine Entfernung von ca. 5 m über Umlenkspiegel durch ein Brewsterfenster und eine Sammellinse (f = 1330 mm) in die Vakuumapparatur eingekoppelt und ist im Reaktionsvolumen nahezu planparallel (Durchmesser ca. 1.5 mm). Er verläßt die Apparatur durch ein weiteres Brewsterfenster. Danach werden Wellenlänge und Intensität durch eine 0.35 m Spektrometer - Photomultiplier (1P28) - Kombination kontrolliert, siehe Abb. 2. In der Apparatur durchläuft der Laserstrahl ein Blendensystem, das den divergenten Anteil des Laserlichtes, die Suprastrahlung aus der Farbstoffküvette, das Streulicht außerhalb der Apparatur sowie einfallendes Tageslicht auffangen soll.

2.3 Die Nachweisanordnung

In einem Blockschaltbild, Abb. 2, ist die Nachweisanordnung mit allen

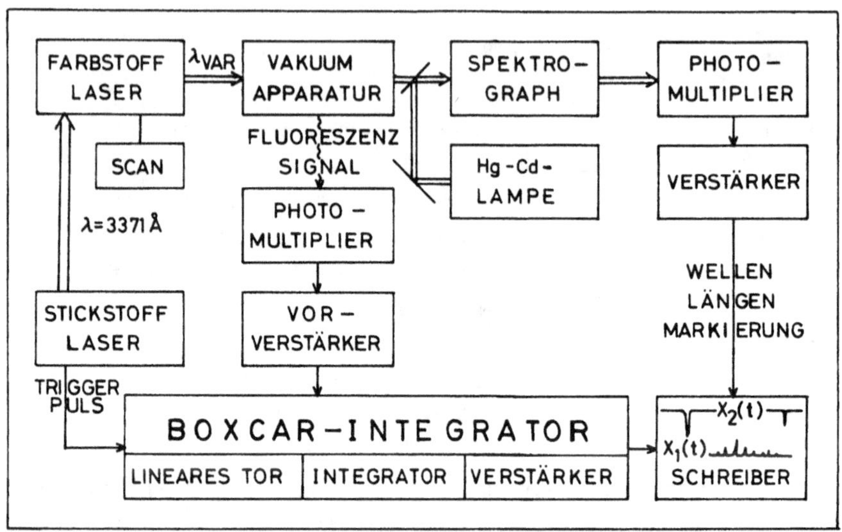

Abb. 2: Blockschaltbild der wesentlichen Komponenten des Nachweissystems

wesentlichen Komponenten aufgenommen. Sie ist im Prinzip äußerst einfach: Ein Teil des von den angeregten Produktmolekülen innerhalb des Reaktionsvolumens ausgesandten Fluoreszenzlichtes wird mit einem Photomultiplier nachgewiesen, der senkrecht über dem Reaktionsvolumen angebracht ist. Um einen größeren Raumwinkel zu erfassen, wird zwischen Reaktionsvolumen und Photomultiplier ein feststehender Lichtleiter (Plexiglas, poliert, 20 mm Durchmesser, Transmission 85%), zugleich Vakuumdurchführung, eingesetzt. Seitliche Einstreuung von Fremdlicht, insbesondere Ofenlicht in der Apparatur, verhindert ein geschwärztes Schutzrohr. Der Abstand Reaktionsvolumen - Eintrittsöffnung Licht- leiter, in Grenzen verschiebbar, betrug bei diesen Experimenten 25 mm; dabei gelangt bei isotroper Winkelverteilung etwa 4% des Fluoreszenzlichtes in den Lichtleiter.

Der Ausgangsstrom des Photomultipliers setzt sich aus drei Anteilen zusammen:

(1) Fluoreszenzlichtimpulse ("Nutzsignal"): Wiederholfrequenz hier 200 Hz, Länge je nach Lebensdauer des elektronisch angeregten Molekülniveaus, bei $CaF(B^2\Sigma^+)$ca. 25 nsec;

(2) Laserstreulichtimpulse: Wiederholfrequenz 200 Hz, Länge 10 nsec; die Amplitude dieses Streulichtes liegt typisch, gute Justierung der gesamten Anordnung vorausgesetzt, bei einzelnen Photonen pro Puls;

(3) Dunkelstrom des Photomultipliers sowie statistische Streulichtimpulse von anderen Lichtquellen (Ca-Ofen!). Dieser Gleichstromanteil ist im Zeitmittel bis zu 10^6 mal größer als der zeitlich gemittelte Fluoreszenzanteil, insbesondere bei chemilumineszenten Reaktionen wie $Ca + F_2$.

Hier bietet sich ein elektronisches Torschaltverfahren wie selbstverständlich an, das wirkungsvoll den Gleichstromanteil unterdrückt und, bei extrem niedriger Fluoreszenzintensität, sogar erlaubt, den kleinen Unterschied zwischen Laserpulslänge und Lebensdauer der elektronisch angeregten Produktmoleküle auszunutzen.
Das Ausgangssignal des Photomultipliers (zeitweise über einen schnellen Vorverstärker, ORTEC 9301, Anstiegszeit <1.3 nsec, 10-fache Stromverstärkung), gelangt auf den Analogeingang eines linearen Tores (PAR, MOD. 165, Torbreite wahlweise 5, 10, 15 nsec -fest- oder 5 - 500 nsec variabel). Dieses Tor wird vom Triggerpuls des Pumplasers über eine Verzögerungsstufe kurzzeitig geöffnet, so daß der Fluoreszenzlichtimpuls das Tor durchlaufen kann. Das Signal - zu - Untergrund - Verhältnis wird entsprechend dem Tastverhältnis um bis zu einem Faktor 10^6 verbessert. Ist die Lebensdauer der nachzuweisenden Moleküle größer als die Laserpulslänge (hier 10 nsec), kann mit geeignet gewählter Torschaltung der Laserstreulichtanteil völlig unterdrückt werden. So gelingt es uns einzelne Photonen pro Impuls nachzuweisen, entsprechend

einer Nachweisgrenze (bei dipol - erlaubten Übergängen mit Lebensdauern unter 100 nsec) von 10^4 Molekülen/cm^3 im absorbierendem Quantenzustand. Nach Passieren des Tores wird das Signal integriert, verstärkt, zum Ausgleich von Kurzzeitschwankungen (insbesondere Puls - zu - Puls - Laserintensität, siehe Abschnitt 6) analog über 100 Pulse gemittelt und durch einen Mehrfachschreiber zusammen mit Referenzwellenlängen aufgezeichnet.

3. Das Meßverfahren

Die Methode der laserinduzierten Fluoreszenz ist geeignet, Besetzungsungsverteilungen für Schwingung und Rotation in elektronischen Grundzuständen von Molekülen zu messen. Zunächst sei zur Vereinfachung nur nach der Besetzung der Schwingungszustände gefragt.

Auf die im Durchsetzungsvolumen zweier Molekularstrahlen, ihrem Reaktionsvolumen, gebildeten Produkte fällt das Licht eines schmalbandigen, durchstimmbaren Farbstofflasers. Immer dann, wenn die Laserfrequenz mit einer Molekülabsorptionslinie (im Falle der Schwingung: Absorptionsbande) übereinstimmt, werden Moleküle vom Schwingungszustand v" - und nur von diesem - in den Zustand v' eines höher gelegenen elektronischen Zustandes angeregt. Für dessen Besetzung gilt:

$$N_{v'} \sim N_{v''} \cdot q_{v'v''} \cdot \nu(v',v'') \cdot \rho(v',v'') \qquad (\,1\,)$$

mit

$N_{v'}$, $N_{v''}$ Besetzungszahl in Schwingungszuständen v' bzw. v",

$q_{v'v''}$ Franck-Condon Faktor (FCF) für den Übergang v" - v',

$\nu(v',v'')$ Frequenz des Überganges,

$\rho(v',v'')$ Laserintensität bei dieser Frequenz.

Die angeregten Moleküle fluoreszieren, d.h. strahlen Licht unterschiedlicher Frequenz $\nu(v',v^*)$ aus, da nun mehrere Endzustände v* - Schwingungen im elektronischen Grundzustand - besetzt werden. Ohne spektrale Zerlegung des Fluoreszenzlichtes wird eine Intensität

$$I(v') \sim N_{v'} \sum_{v^*} q_{v'v''} \cdot \nu^4(v',v^*) \cdot Q(v',v^*) \qquad (\,2\,)$$

nachgewiesen mit $Q(v',v^*)$: Quantenausbeute des Detektors als Funktion der Frequenz $\nu(v',v^*)$. Das Argument v' von I in (2) bezeichnet nicht nur die Proportionalität der Gesamtfluoreszenz zu $N_{v'}$, sondern auch die Tatsache, daß sich der Wert der Summe über v* durch Änderung von Anzahl und Größe der Summanden mit v' ändert.

Die Gesamtfluoreszenz $I(v')$ bei einer Laserfrequenz $\nu(v',v'')$ ist also ein Maß für die Besetzung $N_{v''}$ des Anfangszustandes v'':

$$I(v') \sim \underbrace{N_{v''} \cdot q_{v'v''} \cdot \nu(v',v'') \cdot \varrho(v',v'')}_{\text{Absorption}} \underbrace{\sum_{v^*} q_{v'v''} \cdot \nu^4(v',v^*) \cdot Q(v',v^*)}_{\text{Emission}} \qquad (\,3\,)$$

Die relative Besetzung zweier Schwingungszustände folgt durch Quotientenbildung; die Auswertung der Summe über v^* kann elegant umgangen werden, wenn Intensitätsverhältnisse für verschiedene v''-Übergänge mit jeweils gleichem v' gebildet werden, da dann der Emissionsterm konstant bleibt.

Zur Bestimmung der Rotationsverteilung muß Gl. (3) erweitert werden, indem die Abhängigkeit von der Rotationsquantenzahl J sowie die Linienstärke für die Rotationszweige mitberücksichtigt werden (siehe Anhang 8.2); im Emissionsterm tritt eine zusätzliche Summe über alle Rotationszweige auf. Die Besetzungsverteilung kann entweder direkt (bei genügend schmaler Laserbandbreite) oder indirekt (aus dem jeweiligen Bandenprofil) gewonnen werden.

Abschließend seien die Vorteile dieses LIF-Meßverfahrens kurz zusammengefaßt:

(1) Hohe Empfindlichkeit: Nachweisgrenze etwa 10^4 Moleküle/cm^3. Der Laser regt einen Großteil der nachzuweisenden Moleküle in einem Schwingungszustand v'' an. Es tritt im Gegensatz zur Chemilumineszenz kein Intensitätsverlust durch spektrale Zerlegung des Fluoreszenzlichtes auf.

(2) Keine Verfälschung durch Stoßrelaxation: Die oben erwähnte hohe Empfindlichkeit erlaubt das Arbeiten bei niedrigen Drücken (Einzelstoßbedingungen); Entstehung und Nachweis der Produkte fallen räumlich zusammen.

(3) Gleichzeitiger Nachweis von Schwingungs- und Rotationsverteilungen an einer Vielzahl von Molekülen. Voraussetzung für die Anwendung der LIF-Methode ist lediglich ein spektroskopisch hinreichend bekanntes Bandensystem in einem Spektralbereich, der abstimmbaren Lasern zugänglich ist.

(4) Nebenprodukte des Meßverfahrens sind oft genaue spektroskopische Informationen, insbesondere über hohe Schwingungs- und Rotationszustände der beteiligten elektronischen Zustände.

4. Meßergebnisse

Die Verteilung der reaktiv erzeugten Moleküle CaF auf die Schwingungszustände v" wurde für die beiden Reaktionen

$$Ca + NF_3 \rightarrow CaF + NF_2$$

und

$$Ca + F_2 \rightarrow CaF + F$$

gemessen. Ebenfalls erfolgreich verliefen Versuche, das Radikal CaF in einer Ofenreaktion zu erzeugen und, schwingungs- und rotationsmäßig stark abgekühlt, im Molekularstrahl direkt nachzuweisen. Hier ist die Anbindung an bekannte Molekülparameter des CaF einfach, da die Besetzung der inneren Bewegungszustände durch thermische Verteilungen beschrieben werden kann. Bevor wir im folgenden auf die Ergebnisse für die oben angeführten zwei Reaktionen näher eingehen, zunächst noch einige Vorbemerkungen zu diesen Reaktionstypen sowie den Erdalkalimonohaliden MX. Wir haben diese Hochtemperaturmetalloxydationsreaktionen ausgewählt, da sie aus mehreren Gründen vorteilhaft erscheinen:

(1) CaF besitzt elektronisch angeregte Zustände ($A^2\Pi_{1/2}, {}^2\Pi_{3/2}, B^2\Sigma^+$) mit Übergängen von und zum Grundzustand $X^2\Sigma^+$, die in günstigen Wellenlängenbereichen (A-X: 6500 - 5800 Å, B-X: 5750 - 5200 Å) liegen, und deren spektroskopische Daten bzw. Franck-Condon Faktoren bekannt sind bzw. im Rahmen dieser Arbeit, insbesondere für hohe v',v", berechnet wurden, siehe dazu 8.1 und 8.2 .

(2) Die Absorption des Laserlichtes sowie die Fluoreszenzstrahlung sind auf enge Spektralbereiche konzentriert, da nur Übergänge innerhalb der Sequenzen Δv = 0,±1 und ±2 genügend große Übergangswahrscheinlichkeiten haben (siehe Berechnungen im Anhang). Nach dem Franck-Condon Prinzip ist dieser Sachverhalt kennzeichnend für Systeme, bei denen die Potentialkurven von

Grund- und angeregten Zuständen annähernd gleiche Form und Minimumsabstände aufweisen, i.e. an der Anregung ist ein nichtbindendes Elektron, hier ein am Calcium praktisch "zentriertes Leuchtelektron" beteiligt.

(3) Die Schwingungsstruktur läßt sich mit der verfügbaren Laserlinienbreite gut auflösen.

Wir wollen nun auf die Meßergebnisse für die einzelnen Systeme eingehen.

4.1 $Ca + NF_3 \rightarrow CaF + NF_2$

Abb. 3 zeigt das Anregungsspektrum, d.h. die Fluoreszenzintensität in Abhängigkeit von der eingestrahlten Laserwellenlänge, im Bereich 5200 - 5700 $\mathring{A}$ für die obige Reaktion. Die darin auftretenden Strukturen lassen sich eindeutig dem Übergang CaF $B^2\Sigma^+ - X^2\Sigma^+$ zuordnen. Die Abbildung

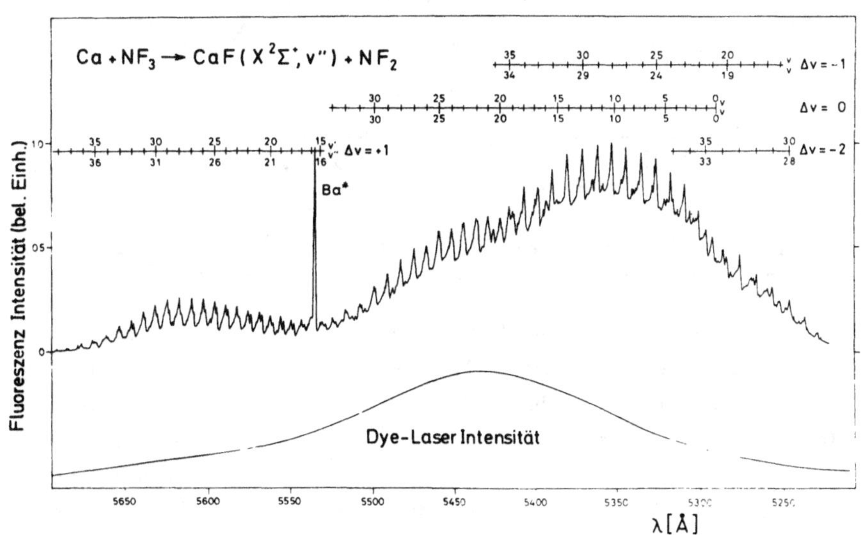

<u>Abb. 3:</u> Anregungsspektrum des CaF (B-X)-Systems nach Erzeugung von CaF aus der Reaktion $Ca + NF_3 \rightarrow CaF + NF_2$

zeigt die entsprechende Zuordnung, wobei jede "Grobstruktur" einer
Sequenz, also einer Gruppe von Schwingungsbanden entspricht, bei denen
die Differenz $\Delta v = v' - v''$ konstant ist. Die Intensitäten der Sequenzen
sind nicht unmittelbar vergleichbar, da die Laserintensität eine
Funktion der Wellenlänge ist. Letztere ist ebenfalls in die Abbildung
mit aufgenommen.

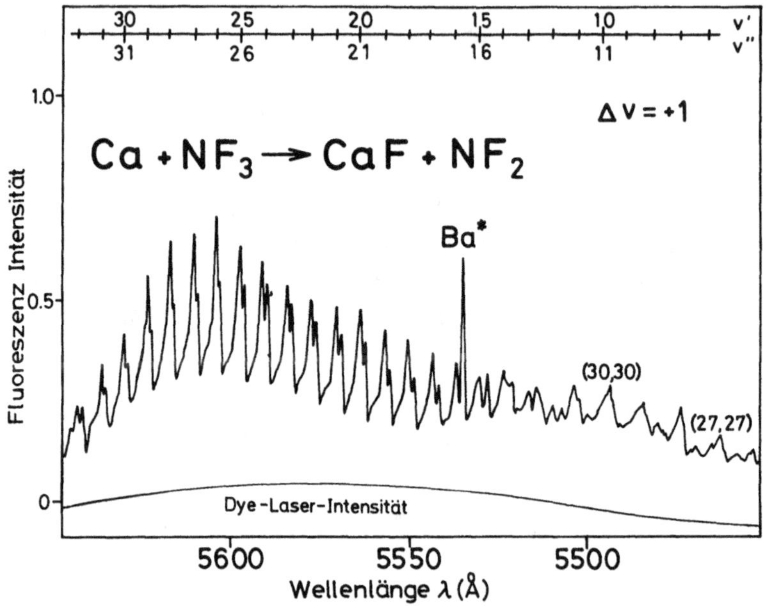

Abb. 4: Anregungsspektrum der $\Delta v = +1$ - Sequenz des CaF (B-X)-
Systems aus der Reaktion Ca + NF$_3$ → CaF + NF$_2$

Von einzelnen Sequenzen wurden in langsamen Durchläufen (0.1 Å/s)
genauere Anregungsspektren ermittelt, siehe Abb. 4. Bei den drei
intensivsten Sequenzen, $\Delta v = 0$ bzw. $\Delta v = \pm 1$ ist die Schwingungsstruktur
gut aufgelöst. Es lassen sich jeweils etwa 30 Schwingungsbanden
erkennen. Höhere Banden der $\Delta v = -1$ Sequenz überlagern sich jedoch dem
Beginn der $\Delta v = 0$ Sequenz. Der vermeintliche "Untergrund", über dem
sich die Maxima der Schwingungsbanden erheben, stammt von den
Rotationszweigen, die keine Bandenköpfe bilden (siehe Anhang 3.2).
Diese drei intensiven Sequenzen eignen sich zur Bestimmung der
Schwingungsverteilung sowie einer groben Bestimmung der Rotationsverteilung.

4.2 Ca + F_2 ⟶ CaF + F

Diese Reaktion ist von besonderem Interesse, weil vergleichsweise viel über ihre Verzweigung bekannt ist:
Abb. 5 zeigt ihre möglichen (z.T. bereits nachgewiesenen) Produkte. Es sind

(1) elektronisch angeregte CaF* - Moleküle ($B^2\Sigma^+$, $A^2\Pi_i$), von denen der größte Teil der intensiven Chemilumineszenz dieser Reaktion ausgeht (siehe dazu (19), (20)).

(2) vermutlich hoch schwingungs- bzw. rotationsangeregte $CaF^{\neq}$ Moleküle im elektronischen Grundzustand, die hier nachgewiesen werden sollen;

(3) elektronisch angeregte CaF_2^* - Moleküle, die unter Aussendung von Licht in CaF_2 im Grundzustand übergehen. Diese Komponente liefert ein breites Kontinuum im Bereich 6500-8700 Å, das bei geringem Fluordruck($\leq 10^{-4}$ Torr) nur einen kleinen Bruchteil der Chemilumineszenz ausmacht, bei höheren Drücken jedoch, durch Sekundärreaktionen, an Intensität stark zunimmt und schließlich in der Chemilumineszenz überwiegt (19).

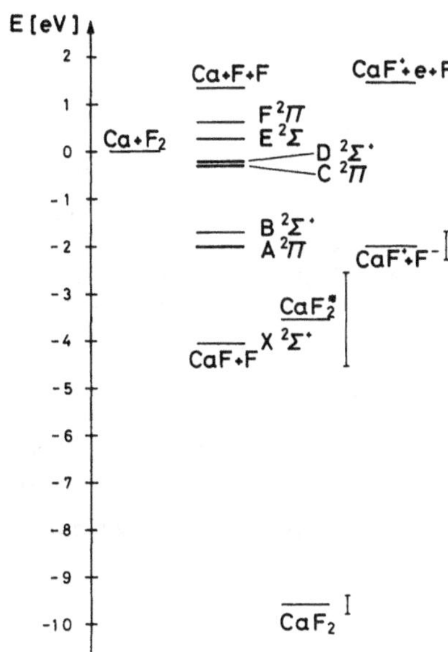

Abb. 5: Verzweigungen der Reaktion Ca + F_2 → CaF + F; zusätzlich ist die Unsicherheit in der Lage einiger Moleküle durch einen Fehlerbalken gekennzeichnet.

(4) CaF^+ bzw. F^- Ionen (21) aus direkter, thermischer Chemiionisation. Spektroskopische Daten über Ionen sind bisher nicht bekannt, jedoch der auffallend große Wirkungsquerschnitt, $\sigma_{ion} \sim 4\ \AA^2$ (21) für ihre Erzeugung.

Mehrere Autoren (20,22) haben für verwandte Reaktionen $M + X_2$ (M: Ca, Sr, Ba; X: F, Cl, Br, J) gezeigt, daß die Entstehung elektronisch angeregter Moleküle MX* bzw. von schwingungsangeregten MX$^{\neq}$ - Molekülen reaktionsdynamisch auf sehr unterschiedlichen Wegen verläuft: während MX$^{\neq}$ in einem "direkten" Prozeß, d.h. in einer Zeit gebildet wird.. die

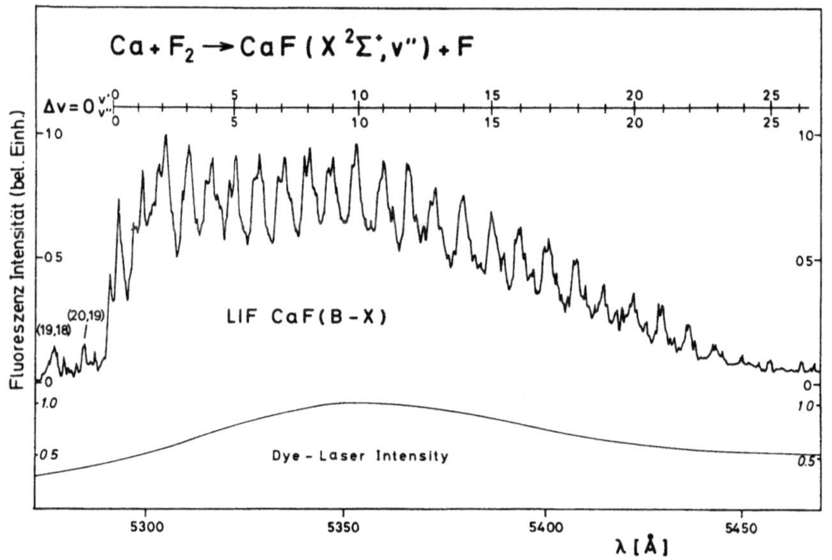

<u>Abb. 6:</u> Anregungsspektrum des CaF (B-X)-Systems; Erzeugung von CaF aus der Reaktion $Ca + F_2 \rightarrow CaF + F$

vergleichbar ist der Stoßzeit ($\sim 10^{-13}$ sec), verläuft die Bildung von MX* über einen langlebigen Zwischenzustand (MX_2). Für einige MX* - Moleküle wird dieses unmittelbar aus der Spektralanalyse der Chemilumineszenz geschlossen, da diese eine statistische Besetzungsverteilung der

Schwingungszustände zeigt. Auf direkte Reaktionen, die zu $MX^{\neq}$ $(X^2\Sigma^+)$ führen, kann aus Winkel- und Geschwindigkeitsmessungen (22,23) geschlossen werden, die eine deutliche Asymmetrie bezüglich Vorwärts - Rückwärtsstreuung (22,23) und einen geringen Anteil der "Reaktionswärme" an der Produkttranslationsenergie (23) erkennen lassen.

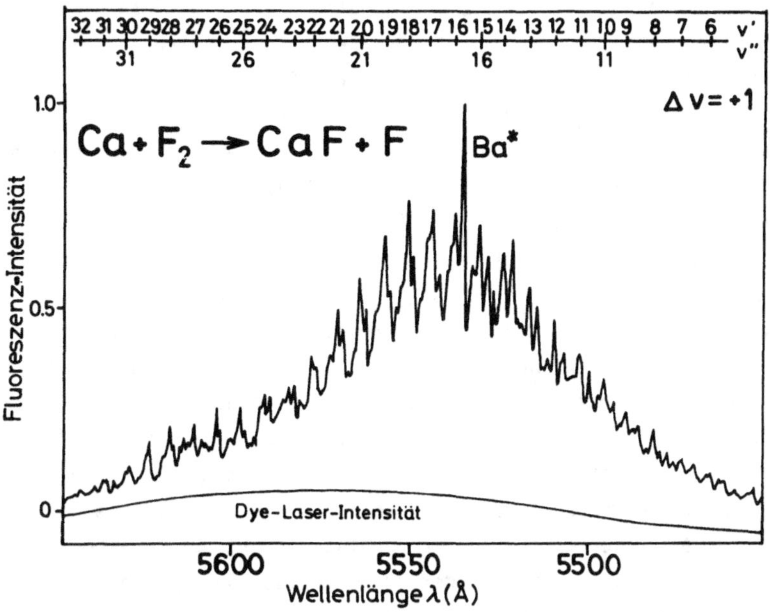

Abb. 7: $\Delta v = +1$ Sequenz: $Ca + F_2 \rightarrow caF + F$

Die Ergebnisse der Winkel- und Geschwindigkeitsverteilungsmessungen, die auf hohe innere Anregung schließen lassen, werden durch unsere Experimente bestätigt. Abb. 6 zeigt das Anregungsspektrum im Bereich 5300 - 5450 Å, ein "Übersichtsspektrum". Das Ergebnis für eine herausgegriffene Sequenz ($\Delta v = +1$ im Spektralbereich 5450 ≤ λ ≤ 5650 Å) mit hoher Auflösung und Zuordnung der Schwingungsbanden ist in Abb. 7 dargestellt. Ohne die Details der Auswertung aus Abschnitt 5 vorwegzunehmen, läßt die Abbildung unmittelbar auf eine stark invertierte Besetzung der Schwingungszustände schließen. Wiederum deutlich erkennbar sind Bandenköpfe, wie sie gerade in der $\Delta v = 0$ und $\Delta v = +1$ Sequenz für die Schwingungsbanden des CaF $B^2\Sigma^+$-$X^2\Sigma^+$ kennzeichnend sind.

5. Auswertung und Deutung der Meßergebnisse

5.1 Die CaF B-X Bandenstruktur

Die Auswertung der CaF - Anregungsspektren aus beiden Reaktionen erhält ihre besondere "Würze" durch die komplizierte Rotationsstruktur, die der elektronische Übergang $B^2\Sigma^+ - X^2\Sigma^+$ besitzt: er weist insgesamt 6 Rotationszweige auf, drei davon bilden Bandenköpfe (siehe Anhang 8), dabei wechseln diese 3 Zweige innerhalb verschiedener Sequenzen! Die spektrale Lage dieser Zweige ist für die beiden ersten Banden in der $\Delta N=0$ Sequenz ebenfalls im Anhang, Abb. A2, in einem Fortratdiagramm aufgetragen (die Bezeichnungsweise entspricht (24)); aus ihm lassen sich sofort einige Besonderheiten des CaF (B-X)- Überganges ablesen: Die Differenz $(B_{v'}-B_{v''})$ ist ungewöhlich klein; dies äußert sich im Fortrat-Diagramm darin, daß die Zweige einerseits steil beginnen, andererseits ihre Bandenköpfe erst bei hohem J und relativ weit vom Bandenursprung entstehen (Extremfall: Kopf bei $J\sim 130$ beim R_2-Zweig). Hier fallen dann sehr viele Rotationslinien in einen engen Wellenlängenbereich; so liegen im Bandenkopf 50 Linien der (nahezu zusammenfallenden R_1- $+^RQ_{12}$- Zweige innerhalb von 1 $\mathring{A}$ (entspechend ca. 3 Laserbandbreiten); hoffnungslos, hier Rotationsstruktur auflösen zu wollen. Diese Eigenschaften begünstigen jedoch die Bestimmung der Schwingungszustandsverteilung, da die Häufung der Rotationslinien in der Umgebung des Bandenkopfes zu den scharfen Maxima im Anregungsspektrum führt; deren Fläche wiederum ist in der einfachsten Näherung proportional zur Besetzung des jeweiligen Schwingungszustandes. Um diese sehr grobe Näherung zu umgehen und die Rotationsstruktur näher zu untersuchen, wurde ein Computer - Simulationsprogramm erstellt, das uns ermöglicht, Teile der gemessenen Anregungsspektren nachzubilden. Nach Vorgabe einer Schwingungs- und Rotationsbesetzungsverteilung (letztere bisher in Gestalt einer Temperatur-, i.e. Maxwell - Boltzmann - Verteilung) werden Wellenlängen und Intensitäten aller auftretenden Übergänge innerhalb einer Sequenz

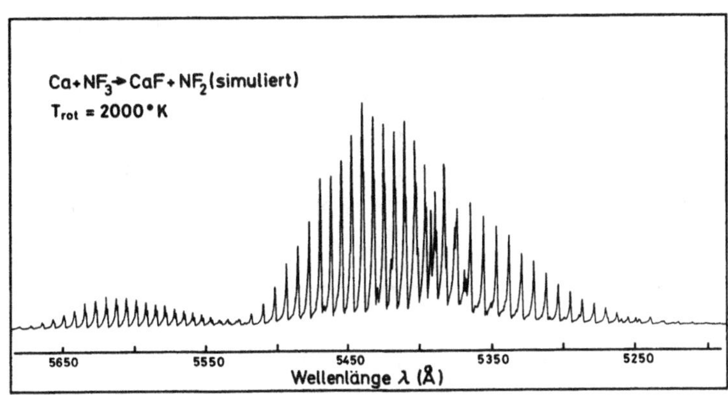

<u>Abb. 8:</u> Simuliertes Bandenspektrum für die Reaktion
$Ca + NF_3 \rightarrow CaF + NF_2$

berechnet, das entstehende "Linienspektrum" mit der Laserbandbreite
(angenähert durch eine Gauss - Funktion, Halbwertsbreite 0.3 Å) gefaltet
und auf einem X-Y-Schreiber ausgegeben. Abb. 8 zeigt eine solche
Simulation; alle dazu benötigten Molekülkonstanten sowie Franck-Condon-
Faktoren sind im Anhang aufgeführt. Ergänzend sei angemerkt, daß bei
der Intensitätsberechnung der Schwingungsübergänge der Emissionsterm in
Gl.(3) konstant angesetzt wird, da er sich für die hier ausgewerteten
$v', v^*=0,...,50$ sich lediglich um ca. 3% (monoton) ändert. Es lassen sich
nun Bandenprofile für verschiedene Schwingungsübergänge berechnen und
zum Anregungsspektrum überlagern. Wir haben das teilweise (Sequenzen
$\Delta v=0$ und +1) durchgeführt. Da die Franck- Condon-Faktoren für beide
Sequenzen zuverlässig sind (25), kann im überlappenden v''-Bereich die
eine zur Kontrolle der Ergebnisse der anderen herangezogen werden.

5.2 Schwingungs- und Rotationsbesetzungsverteilungen des CaF aus der
    Reaktion $Ca + NF_3$

Für diese Reaktion stehen die Spektren der $(B^2\Sigma^+ - X^2\Sigma^+, \Delta v=0$ und $\pm 1)$ -
Übergänge, Abbn. 3 und 4, zur Verfügung. An geeigneten Stützstellen
-den R_2 Bandenköpfen- haben wir die entsprechende Besetzungszahl dieses

Schwingungszustandes festgelegt. Dieses geschieht durch Ausmessen in den beiden anderen Sequenzen, unter Berücksichtigung der Franck - Condon - Faktoren mehr oder weniger stark korrigiert (notwendige Korrekturen sind typisch 10%). Die entsprechende Besetzungsverteilung, aus unterschiedlichen Messungen an verschiedenen Tagen mit unwesentlich veränderten Betriebsbedingungen gewonnen, ist in der Abb. 9 schematisch

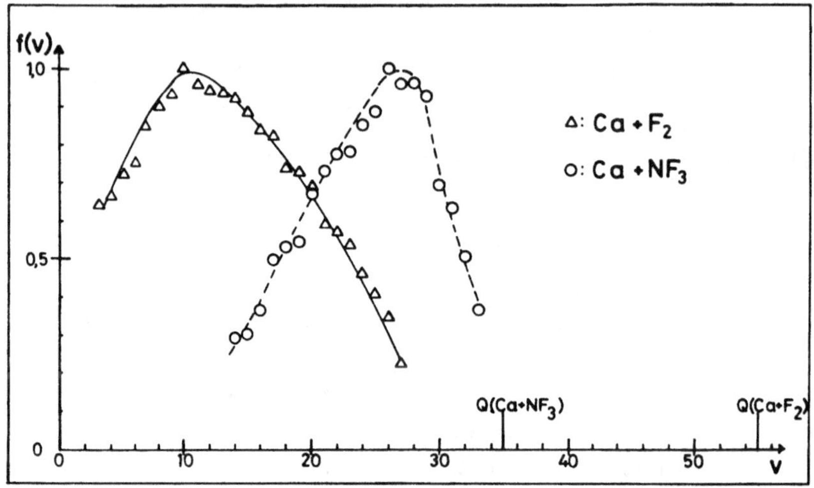

Abb. 9: Gemessene Schwingungsbesetzungsverteilungen des CaF aus den Reaktionen Ca + F$_2$ → CaF + F und Ca + NF$_3$ → CaF + NF$_2$. Q bezeichnet den Schwingungszustand, der bei Aufnahme der gesamten Reaktionsenergie besetzt würde.

dargestellt. Sie zeigt eine außerordentlich starke Inversion. Die mittlere Schwingungsenergie entspricht 1.5 eV, die aus der Simulation gewonnene Rotationsverteilung einer mittleren Energie von 0.59 eV. Berücksichtigen wir die kinetische Energie der Reaktanden sowie eine Bindungsenergie $D_0(NF_2-F)$ von 2.52 eV (26), so stehen bei der Reaktion 2.20 eV zur Verfügung. Damit läßt sich das Verzweigungsverhältnis der Reaktionsenergie auf die Freiheitsgrade des CaF - Produkts wie folgt angeben:

$$f_{vibr.} : f_{rot.} : f_{tr.max} = 0.69 : 0.27 : 0.04$$

Dabei ist die mögliche, aber unbekannte innere Anregung des NF_2-Produkts nicht berücksichtigt. Sie ist in die Angabe der maximal möglichen Translationsenergie eingeschlossen, die einem unangeregten NF_2 - Radikal entspricht. Wie aus den Verhältnissen hervorgeht, ist die innere Anregung von NF_2 jedenfalls weitaus geringer als die des neu gebildeten CaF $(X^2\Sigma^+)$ Produktmoleküls. Zusammenfassend finden wir für diese Reaktion den größten Teil der frei werdenden Reaktionsenergie im CaF, insbesondere in dessen Schwingung.

5.3 Schwingungs- Rotationsverteilungen des CaF aus Ca + F_2

Zur Bestimmung der Rotationszustandsverteilungen bot sich als nächstliegende Möglichkeit an, die Spektren der Abbn. 6 und 7 mit einer aus der Peakhöhe (oder -fläche) grob angenommenen Schwingungsverteilung und verschiedenen Rotationstemperaturen zu simulieren; als Maßstäbe für die "richtige" Temperatur können dabei die Tiefen der Minima zwischen den Bandenköpfen dienen. Doch Temperaturen bis zu 9000° K geben die gemessene Verteilung unvollständig wieder. Eine verläßlichere Aussage über die Rotationstemperatur könnten höher aufgelöste Spektren liefern, die mit unserer augenblicklichen Ausstattung jedoch nicht erreichbar sind. Mit dem eingangs erwähnten Simulationsprogramm läßt sich versuchen, das Spektrum im Bereich der $\Delta v = -1$ Sequenz für unterschiedliche Rotationstemperaturen nachzubilden; hier kommt jedoch erschwerend hinzu, daß innerhalb der Sequenz - und zunehmenden v'' - die Banden zunächst schwächere Bandenkopfformationen im R-Zweig aufweisen, dann gar keinen Bandenkopf formen ($v'' \sim 8$) und schließlich - violett schattierend - den Bandenkopf in den P-Zweigen formen. Nun laufen also höhere J-Werte in die Schwingungsbanden, die zu niedrigerem v'' gehören. Dadurch wird die spektroskopische "Würze" in der Rotationsstruktur eher zum "Alptraum". Deshalb muß für die Rotationsverteilung dieser Reaktion vorerst eine thermische Verteilung hingenommen werden. Sie ist verträglich mit den Meßergebnissen in der Nähe ausgemessener Bandenköpfe und wird im folgenden zur Bestimmung der Schwingungsbesetzung vorausgesetzt. Wir möchten jedoch ausdrücklich betonen, daß aus dieser Verträglichkeit nicht auf eine thermische Rotationsverteilung geschlossen werden kann.

Die sehr dicht liegenden Rotationszustände, die teilweise stark überlappenden rot wie violett schattierten Banden machen es bisher unmöglich, eine Boltzmann - Verteilung von einer abweichenden, z.B. invertierten Verteilung, eindeutig zu unterscheiden.

Die Bestimmung der Schwingungsbesetzungsverteilung erfolgte wie oben, unter 6.2, beschrieben. Jetzt werden beide Sequenzen mit $|\Delta v|=1$ mit herangezogen, die entsprechenden Überlappungen sowie die im Anhang aufgeführten Franck - Condon - Faktoren berücksichtigt. Die so bestimmte Besetzungsverteilung ist schematisch in Abb. 9 wiedergegeben. Ihre Verläßlichkeit läßt sich aus der Streuung verschiedener Messungen und unterschiedlicher, ausgewerteter Sequenzen zu 15% angeben.

Das Verzweigungsverhältnis der Reaktionsenergie auf die Freiheitsgrade des CaF - Grundzustandsmoleküls ist wie folgt:

$$f_{vibr.} : f_{rot.} : f_{trans} = 0.28 : 0.57 : 0.15$$

Dabei ist die (einzig mögliche) Anregung der Feinstrukturkomponente des F_2 - Atoms ($^2P_{1/2}$-$^2P_{3/2}$: 406 cm^{-1}) unberücksichtigt; sie beträgt weniger als ein Schwingungsquant des CaF - Moleküls. Wiederum ist der größte Teil der Reaktionsenergie in inneren Freiheitsgraden des neu geformten Metallmonohalids CaF zu finden, in schöner Übereinstimmung mit indirekten Schlüssen aus Winkel- und Geschwingigkeitsmessungen verwandter Reaktionen (22,23), auffallend ist sofort die erstaunlich hohe Rotationsanregung.

6. Diskussion systematischer Fehler

Wie auch andere Methoden, die eine Dichte der gewünschten Produkte nachweisen (z.B. Elektronenstoßionisation u.ä.) wirft die laser - induzierte Fluoreszenz bei der Auswertung Probleme kinematischer Art auf: Während Besetzungsverteilungen proportional zum Teilchenfluß sind, mißt diese Methode die momentane Teilchenzahldichte; mit anderen Worten, Produkte mit hoher innerer Anregung und daher geringer Translationsenergie besitzen höhere Nachweiswahrscheinlichkeit als schnellere Teilchen mit geringerer Anregung. Es muß also im Einzelfall stets untersucht - oder zumindest abgeschätzt werden - wie stark sich die möglichen Laborgeschwindigkeiten für Produktmoleküle in verschiedenen Anregungszuständen voneinander unterscheiden; der günstigste Fall liegt vor, wenn mögliche Laborgeschwindigkeiten und Schwerpunktgeschwindigkeiten nahezu übereinstimmen, also gerade bei Systemen, die die Messung von Produktwinkelverteilungen besonders erschweren (23). Versucht man mit Hilfe der laserinduzierten Fluores- zenz quantitative Aussagen über Besetzungsverteilungen in ver- zweigten, z.B. chemilumineszenten Reaktionssystemen zu machen, stößt man auf eine weitere, "systematische" Fehlerquelle: Die LIF - Methode ist nicht in der Lage, zu unterscheiden zwischen Molekülen, die unmittelbar im Grundzustand gebildet werden, und solchen, die durch Chemilumineszenz (oder stimulierte Emission) in den Grundzustand zerfallen. Hier bleibt als Ausweg nur, die Besetzung des angeregten Zustandes in zusätzlichen Chemilumineszenzexperimenten zu bestimmen.
Bei den hier untersuchten Reaktionen wurde dieser Ausweg begangen. Während für $Ca + NF_3$ im sichtbaren Spektralbereich keine Emission (bei Einzelstoßbedingungen) nachgewiesen werden konnte, werden für $Ca + F_2$ nur sehr wenige CaF - Moleküle in angeregten Zuständen ($B^2\Sigma^+, A^2\Pi_i$) gebildet, verglichen mit dem Grundzustand ($X^2\Sigma^+$), dessen Besetzung mit LIF untersucht wurde. Aus dem Vergleich von totalem Reaktionsquerschnitt (22, 23), Photonenausbeute (19) und Chemilumineszenzquerschnitt (20) muß geschlossen werden, daß in der

Reaktion Ca + F$_2$ vornehmlich der elektronische Grundzustand des CaF besetzt wird, in dem eine deutlich invertierte Besetzung der Schwingungszustände vorliegt.

Neben diesen kinematischen bzw. reaktionsdynamischen Fehlerquellen treten meßtechnisch drei "Hauptfehlerquellen" auf, die sich jedoch durch Verbesserungen in der Nachweiselektronik künftig weitgehend beseitigen lassen. Diese drei Fehler tragen wesentlich zu Kurzzeitschwankungen bei, begrenzen so die Güte der Messungen und haben folgende Ursachen:

(1) Schwankungen der Stickstofflaser - Intensität (bis zu 15% von Puls zu Puls);

(2) Intensitätsschwankungen des Farbstofflasers (durch (1), zusätzlich durch Fluktuationen der Farbstofflösung in der Küvette und Staub innerhalb des Resonators); hinzu kommen kleine räumliche Strahlveränderungen, wodurch das Verhältnis von Streulicht zu Fluoreszenzlicht bei fester Wellenlänge nicht konstant bleibt.

(3) Schwankungen der zeitlichen Verzögerung zwischen Vorausimpuls ("Trigger") des Stickstofflasers und dem Farbstofflaserpuls selbst, sog. "Jitter"; daraus folgt unterschiedliche Überlappung von Tor - Triggerpuls und Signal im Nachweis.

Diese drei Fehlerquellen lassen sich abschätzen bzw. sollen künftig weitgehend beseitigt werden:

zu (1): Bei Mittelung über ca. 30 Laserpulse ist diese Schwankung vernachlässigbar. Sie läßt sich, s.u., vollständig beheben.

zu (2): Die (relative) Farbstofflaserintensität kann für jeden Einzelpuls gemessen und der Quotient aus Fluoreszenz- und Laserintensität gebildet werden. Hierzu ist bereits jetzt am "Boxcar - Integrator PAR 162" ein zweiter Eingangskanal für eine weitere elektrische Torschaltung vorgesehen.

zu (3): Statt des Vorauspulses aus dem Steuergerät des Stickstofflasers
kann der Farbstofflaserpuls selbst (z.B. über eine schnelle
Photodiode mit Impulsformerstufe) das Tor öffnen; damit wird
eine stabile zeitliche Koordination von Trigger- und Signalpuls
gewährleistet.

Entsprechende umfangreiche Änderungen an der Nachweiselektronik werden
zur Zeit unternommen. Die Summe aller Fehler läßt sich jedoch jetzt
schon bei genügend langer Signalmittelung (Integration über 20 - 30
Laserimpulse pro 0.1 $\overset{o}{A}$ Farbstofflaserwellenlängenänderung $\overset{\wedge}{=}$ 1 Schritt am
Gitterantrieb sowie 0.3 sec Zeitkonstante bei der Signalmittelung) auf
unter 5% für die Intensitätsbestimmung einer Schwingungsbande drücken.
Von gleicher Größenordnung ist die Reproduzierbarkeit der
Anregungsspektren für feste Ofentemperatur, Gaseinlaß- und
Streukammerdruck. Übersteigt der Druck in der Streukammer 1×10^{-4} Torr
nicht, so ist die Form der Anregungsspektren unabhängig vom verwendeten
Gasdruck, d.h. Relaxationsvorgänge können ausgeschlossen werden.
Innerhalb unserer Meßgenauigkeit steigt zudem die Intensität der
einzelnen Schwingungsbanden linear mit dem Druck (über eine Größenordnung),führt dann jedoch ähnlich den Chemilumineszenzmessungen (19) über
ein Maximum zur Abschwächung bei höheren Drücken ($p_{Streuk.} > 5 \times 10^{-4}$).
Wir führen dies auf Absorption des Metallstrahls zwischen Ofenöffnung
und Reaktionsvolumen zurück. Ein systematischer Fehler durch Stoßrelax-
tion ("Quenchen") der elektronisch angeregten Moleküle CaF tritt wegen
der gemessenen, kurzen Lebensdauer ($\tau \leqslant 25$ nsec) nicht auf.

7. Zusammenfassung

Im zweiten Teil dieses Forschungsvorhabens werden Molekularstrahlexperimente zur Hochtemperaturmetalloxydation beschrieben, an denen mit der
Methode der laserinduzierten Fluoreszenz (LIF) bestimmt wird, wie sich
die in der jeweiligen Reaktion freiwerdende Energie auf die Freiheitsgrade der Produkte in ihren elektronischen Grundzuständen ver-
teilt.
Reaktionen von Calcium mit NF_3 und mit Fluormolekülen liefern stark
invertierte Besetzungsverteilungen der Schwingungszustände. Zusammen
mit der Rotation finden wir den "Löwenanteil" der freiwerdenden
Reaktionswärme in innerer Anregung des neugeformten CaF Produktradikals.
Die gefundenen Verteilungen sind:

für CaF aus $Ca + NF_3$: $f_{vibr} : f_{rot} : f_{tr+NF_2} = 0.69 : 0.27 : 0.04$

für CaF aus $Ca + F_2$: $f_{vibr} : f_{rot} : f_{tr.} = 0.28 : 0.57 : 0.15$

Da bei der Reaktion $Ca + NF_3 \rightarrow CaF + NF_2$ ein unbekannter Anteil der
Energie auf das NF_2 - Produktmolekül übergeht, ist hier keine
vollständige Angabe über die Energieverteilung möglich. Dieser Anteil
ist jedoch klein ($\leq 5\%$). Diese Schwierigkeit tritt bei der zweiten hier
vorgestellten Reaktion $Ca + F_2 \rightarrow CaF + F$ nicht auf, da auf das Fluor-
atom nur ein vernachlässigbarer Energiebruchteil in innere Energie über-
tragen werden kann. Erstaunlich für die zweite Reaktion ist die über-
wiegende Rotationsanregung der Produkte; sie ist etwa doppelt so groß
wie die Schwingungsanregung. Damit ist gezeigt, daß mit Hilfe der LIF in
Molekularstrahlen quantitative Aussagen über Besetztungsverteilungen
sowohl in "dunklen" ($Ca + NF_3$) als auch in "leuchtenden" i.e. chemilumineszenten ($Ca + F_2$) Reaktionen möglich sind. Weiterentwicklungen lassen
darauf schließen, daß sich solche oder ähnliche laserspektroskopische
Verfahren als "Universaldetektor " für interne Zustandsverteilungen
eignen.
Die hier festgehaltenen, quantitativen Besetzungsverteilungen könnten

nun der Ausgangspunkt theoretischer Untersuchungen über den Reaktionsablauf sein, z.B. für Vergleiche mit Vorraussagen, die von bereits be-
stehenden Reaktionsmodellen geliefert werden. Quantitative Daten über
Besetzungsverteilungen der inneren Bewegung von Reaktionsprodukten, wie
sie hier in zwei Einzelfällen ermittelt wurden, gehören zu den wichtigsten Vorraussetzungen einer realistischen Beschreibung von Reaktionsab-
läufen. Speziell für $Ca + F_2$ stellen sie grundsätzlich neues Material
über eine viel untersuchte Reaktion dar. Ein genauerer Vergleich der
Kenntnisse über dieses System ginge jedoch über den Rahmen dieses
Berichtes hinaus.

8. Anhang

8.1 Molekülkonstanten CaF $B^2\Sigma^+$, $X^2\Sigma^+$

Durch Verwendung hochauflösender laserspektroskopischer Meßverfahren sind in den letzten Jahren gerade an diesem Bandensystem präzise Molekülkonstanten bestimmt worden. Wir stützen uns insbesondere auf die Ref. (22). Alle Werte sind in "Wellenzahlen" = cm^{-1} angegeben, die Zahlen in Klammern geben die einfache Standardabweichung wieder.

Tabelle A1:

$B^2\Sigma^+$	(R_e= 1.955 Å)	
T_e	18841.309	(3)
$\omega_e{}'$	572.405	(36)
$\omega_e x_e{}'$	3.143	(13)
$\omega_e y_e{}'$	0.0095	(15)
$B_e{}'$	0.342604	(7)
$\alpha_e{}'$	0.002630	(6)
$D_e{}'$ ($\times\ 10^7$)	4.66	(3)

$X^2\Sigma^+$	(R_e= 1.952 Å)	
$\omega_e{}''$	588.633	(36)
$\omega_e x_e{}''$	2.908	(13)
$\omega_e y_e{}''$	0.0081	(15)
$B_e{}''$	0.343715	(7)
$\alpha_e{}''$	0.002453	(5)
$D_e{}''$ ($\times\ 10^7$)	4.21	(5)

Mit diesen Molekülkonstanten sind im Rahmen dieser Arbeit Franck-Condon-Faktoren (zunächst rotationsfrei, i.e. K = 0) berechnet worden, s.Tab.A2. Die Summe der FCF in der letzten Spalte zeigt,daß in den nicht

vermessenen höheren Sequenzen lediglich schwache bzw. verschwindende
Intensität zu erwarten ist.

Tabelle A2:

v''	$\Delta v=+2$	$\Delta v=+1$	$\Delta v= 0$	$\Delta v=-1$	$\Delta v=-2$	Summe
0	0.000	0.001	0.999			1.000
1	0.000	0.003	0.995	0.002		1.000
2	0.000	0.006	0.990	0.004	0.000	1.000
3	0.001	0.008	0.985	0.006	0.000	1.000
4	0.001	0.013	0.977	0.009	0.000	1.000
5	0.001	0.017	0.968	0.014	0.000	1.000
6	0.002	0.023	0.956	0.019	0.000	1.000
7	0.003	0.029	0.943	0.025	0.000	1.000
8	0.003	0.036	0.928	0.033	0.000	1.000
9	0.005	0.044	0.910	0.041	0.000	1.000
10	0.006	0.053	0.890	0.051	0.000	1.000
11	0.008	0.063	0.867	0.062	0.000	1.000
12	0.009	0.074	0.842	0.075	0.000	1.000
13	0.011	0.085	0.815	0.088	0.000	0.999
14	0.014	0.097	0.785	0.103	0.000	0.999
15	0.016	0.111	0.753	0.119	0.000	0.999
16	0.020	0.124	0.718	0.136	0.001	0.999
17	0.023	0.139	0.681	0.155	0.001	0.999
18	0.028	0.153	0.642	0.174	0.002	0.999
19	0.033	0.168	0.602	0.193	0.003	0.999
20	0.038	0.183	0.559	0.213	0.005	0.998
21	0.044	0.197	0.516	0.233	0.008	0.998
22	0.051	0.211	0.472	0.253	0.010	0.997
23	0.058	0.225	0.427	0.272	0.015	0.997
24	0.067	0.237	0.382	0.291	0.019	0.996
25	0.076	0.248	0.338	0.308	0.025	0.995
26	0.086	0.258	0.294	0.323	0.032	0.993

27	0.096	0.267	0.252	0.337	0.040	0.992
28	0.108	0.273	0.212	0.348	0.050	0.991
29	0.120	0.277	0.174	0.356	0.060	0.987
30	0.132	0.279	0.139	0.362	0.072	0.984
31	0.146	0.279	0.107	0.364	0.085	0.981
32	0.159	0.276	0.079	0.362	0.099	0.975
33	0.173	0.270	0.055	0.357	0.114	0.969
34	0.187	0.262	0.035	0.348	0.128	0.960
35	0.200	0.251	0.020	0.336	0.146	0.953

8.2 Zur Spektroskopie des CaF $B^2\Sigma^+$-$X^2\Sigma^+$ Bandensystems

Im Rahmen dieser Arbeit konnte die Rotationsstruktur dieses Bandensystems nicht aufgelöst werden. Dazu wären Anregungslinienbreiten von weniger als 0.001 cm^{-1} (d.h. < 30 MHz) notwendig, wie wir sie in einem Molekularstrahlexperiment an Rubidium - Dimeren mit einem kontinuierlichen Einzelmodenfarbstofflaser (27), jedoch in einem anderen Spektralbereich, gerade erfolgreich vorgestellt haben. Die Experimente von CaF im Molekularstrahl sind ein erster Schritt in diese Richtung. Verständnis der unaufgelösten Bandenstruktur, insbesondere ihre Form gibt jedoch ersten Einblick in die Rotationsverteilung.

Ein $^2\Sigma^+$- $^2\Sigma^+$ - Übergang weist 6 Rotationszweige auf, deren Wellenzahlen gegeben sind durch

$$\nu = \nu_0 + F_i{}'(J') - F_j{}''(J'') \quad (i,j = 1,2)$$

$$F_i{}' = B_{v'} \cdot K'(K'+1) + \tfrac{1}{2}\,\gamma' \cdot K'^2 \qquad \begin{aligned} & i = 1 : J' = K' + 1/2 \\ & i = 2 : J' = K' - 1/2 \end{aligned}$$

$$F_j{}'' = B_{v''} \cdot K''(K''+1) + \tfrac{1}{2}\,\gamma'' \cdot K''^2 \qquad \begin{aligned} & j = 1 : J'' = K'' + 1/2 \\ & j = 2 : J'' = K'' - 1/2 \end{aligned}$$

Dabei sind

ν_0 Wellenzahl des Schwingungsüberganges

$B_{v'}, B_{v''}$ Rotationskonstanten des angeregten (hier $B^2\Sigma^+$)

        bzw. Grundzustandes $X^2\Sigma^+$.

Mit den strikten Auswahlregeln $\Delta K = \pm 1$, sowie $\Delta J = 0, \pm 1$ ergeben sich die 6 Rotationszweige mit folgender Bezeichnung und Zuordnung für $^2\Sigma^+$- $^2\Sigma^+$ (siehe Abb. A1)

P_1 - Zweig : F_1', F_1'', $\Delta J = -1$

$^PQ_{12}$- Zweig : F_1', F_2'', $\Delta J = 0$ $\Delta K = -1$

P_2 - Zweig : F_2', F_2'', $\Delta J = -1$

R_1 - Zweig : F_1', F_1'', $\Delta J = +1$

$^RQ_{21}$- Zweig : F_2', F_1'', $\Delta J = 0$ $\Delta K = +1$

R_2 - Zweig : F_2', F_2'', $\Delta J = +1$

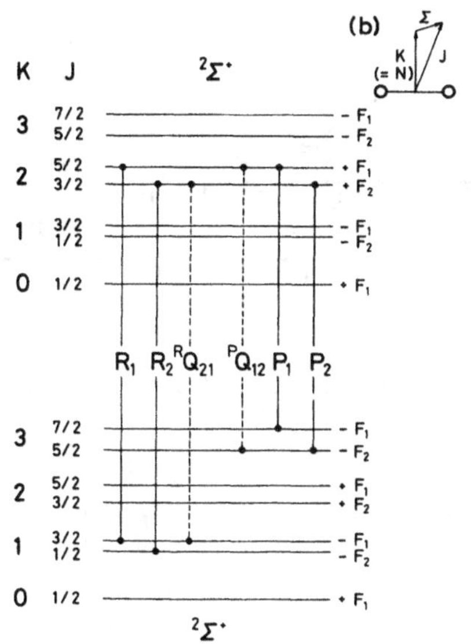

Abb. A1: Rotationszweige eines $^2\Sigma^+$ - $^2\Sigma^+$ -Überganges

Wegen $P_1(J+1) = {}^PQ_{12}(J)$ und $R_2(J-1) = {}^RQ_{21}(J)$ fallen diese Zweige jeweils nahezu zusammen. Je nach Vorzeichen von $B_{v'} - B_{v''}$ bilden entweder die P_i, P_j - Zweige ($B_{v'} > B_{v''}$) oder die R_i, R_j - Zweige Bandenköpfe. Im CaF B-X Bandensystem sind für niedrige v', v" jeweils der R_1- (J~120) sowie der R_2- Zweig (J~130) für die Bandenköpfe verantwortlich; die spektrale Lage dieser Zweige ist für (0,0) und (1,1) in Abhängigkeit von J in einem Fortratdiagramm, Abb. A2, aufgetragen.

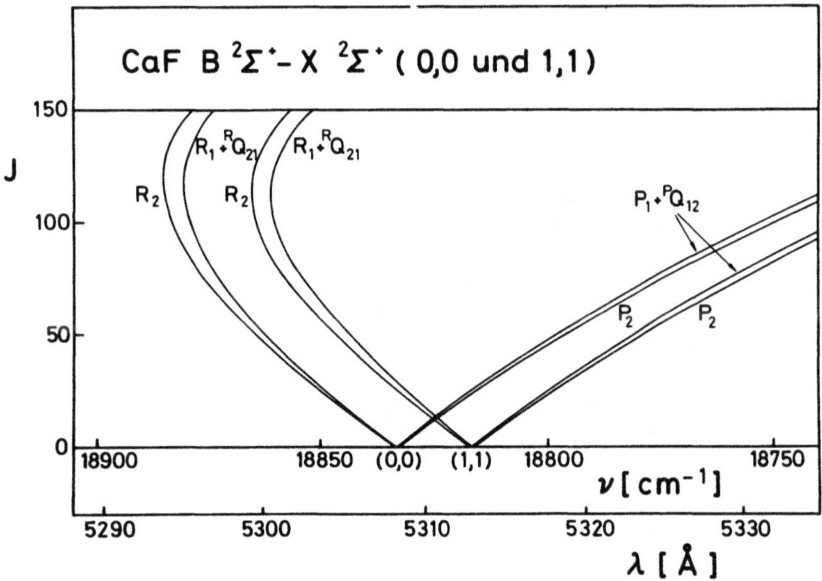

Abb. A2: Fortrat-Diagramm zu CaF (B-X)

Die Linienstärken für individuelle Rotationsübergänge in einem $^2\Sigma - {}^2\Sigma$ Bandensystem werden durch

$$S_J^R = \frac{(J''+1)^2 - 1/4}{J''+1}$$

$$S_J^Q = \frac{(2J''+1)}{4J''(J''+1)}$$

$$S_J^P = \frac{J''^2 - 1/4}{J''}$$

gegeben. Wir sehen, daß in P - sowie in R - Zweigen die Komponenten mit
$J = K + 1/2$ (d.h. P_1 - und R_1 - Zweig) größere Intensität haben als die
Komponenten mit $J = K - 1/2$ (P_2 - und R_2 - Zweig). Diese Differenz ist
von einiger Bedeutung, da nur sie uns ermöglicht, mit Sicherheit P_1-,
R_1 - Zweige von P_2 -, R_2 - Zweigen zu unterscheiden.
Die Intensitäten der beiden Q - Zweige, auch "Satellitenzweige" genannt,
da für sie $\Delta J \neq \Delta K$ gilt, nimmt mit zunehmenden J bzw. K rapide ab,
$I \sim 1/J$. Selbst in hochaufgelösten Spektren werden sie nur äußerst
selten beobachtet (24). In unseren Simulationsrechnungen einzelner
Banden ist ihr Beitrag stets kleiner als 1% der Gesamtintensität.

9. Literaturverzeichnis

(1) Levine, R.D. und Bernstein, R.B.
"Molecular Reaction Dynamics",
Oxford University Press, New York (1974).

(2) Taylor, E.H. und Datz,S., J. Chem. Phys. $\underline{23}$, 1711 (1955).

(3) Herschbach, D.R., Adv. Chem. Phys. $\underline{10}$, 319 (1966).

(4) Toennies, J.P. Ber. Bunsenges. Phys. Chem. $\underline{72}$, 927 (1968).

(5) Grosser, A.E., Blythe, A.R. und Bernstein, R.B.,
J. Chem. Phys. $\underline{42}$, 1268 (1964).

(6) Miller, W.B., Safron, S.A. und Herschbach, D.R.,
Disc. Faraday Soc. $\underline{44}$, 108 (1967).

(7) Herm, R.R. und Herschbach, D.R. J. Chem. Phys. $\underline{43}$, 2139 (1965).

(8) Grice, R., Mosch, J.E., Safron, S.A. und Toennies, J.P.,
J. Chem. Phys. $\underline{53}$, 3376 (1970).

(9) Moulton, M.G. und Herschbach, D.R.,
J. Chem. Phys. $\underline{44}$, 3010 (1966).

(10) Freund, S.M., Fisk, G.A., Herschbach, D.R. und Klemperer,W.,
J. Chem. Phys. $\underline{54}$, 2510 (1971).

(11) Bennewitz, H.G., Haerten, R. und Müller, G.,
Chem. Phys. Letters $\underline{12}$, 335 (1972).

(12) Ottinger, Ch. und Zare, R.N.,
Chem. Phys. Letters $\underline{4}$, 243 (1970).

-37-

(13) Engelke, F., Ber. Bunsenges. Phys. Chem. $\underline{81}$, 135 (1977).

(14) Engelke, F., Chem. Phys. $\underline{39}$, 279 (1979).

(15) Engelke, F., Chem. Phys. Letters $\underline{65}$, 564 (1979).

(16) Zare, R.N. und Dagdigian, P.J., Science $\underline{185}$, 739 (1974).

(17) Zare, R.N., Far. Disc. Chem. Soc. $\underline{67}$, 7 (1979),
Physics Today, Nov. 1980.

(18) J.L. Kinsey, Ann. Rev. Phys. Chem. $\underline{28}$, 349 (1977).

(19) Engelke, F., Chem Phys. $\underline{44}$, 213 (1979).

(20) Menzinger, M., Can. J. Chem. $\underline{52}$, 1688 (1974).

(21) Diebold, G.J., Engelke, F., Lee, H.U., Whitehead, J.C. und
Zare, R.N., Chem. Phys. $\underline{20}$, 265 (1977).

(22) Lin, S.M., Mims, C.A. und Herm, R.R,
J. Chem. Phys. $\underline{58}$, 327 (1973)

(23) Engelke, F., Dissertation, Freiburg, 1974.

(24) Herzberg, G., Molecular Spectra and Molecular Structure,
I. Spectra of Diatomic Molecules
(Van Nostrand, Princeton, 1950).

(25) Dulick, M., Bernath, P.R. und Field, R.W.,
Can. J. Phys. $\underline{58}$, 703 (1980).

(26) Darwert, B. de B., Bond Dissociation Energies in Simple Molecules,
     Nat. Stand. Ref. Data Ser.
     Nat. Bur. Stand (U.S.) 31 (1970).

(27) Caldwell, C.D., Engelke, F. und Hage, H.,
     Chem. Phys. $\underline{54}$, 21 (1980).

GPSR Compliance
The European Union's (EU) General Product Safety Regulation (GPSR) is a set
of rules that requires consumer products to be safe and our obligations to
ensure this.

If you have any concerns about our products, you can contact us on

ProductSafety@springernature.com

In case Publisher is established outside the EU, the EU authorized
representative is:

Springer Nature Customer Service Center GmbH
Europaplatz 3
69115 Heidelberg, Germany